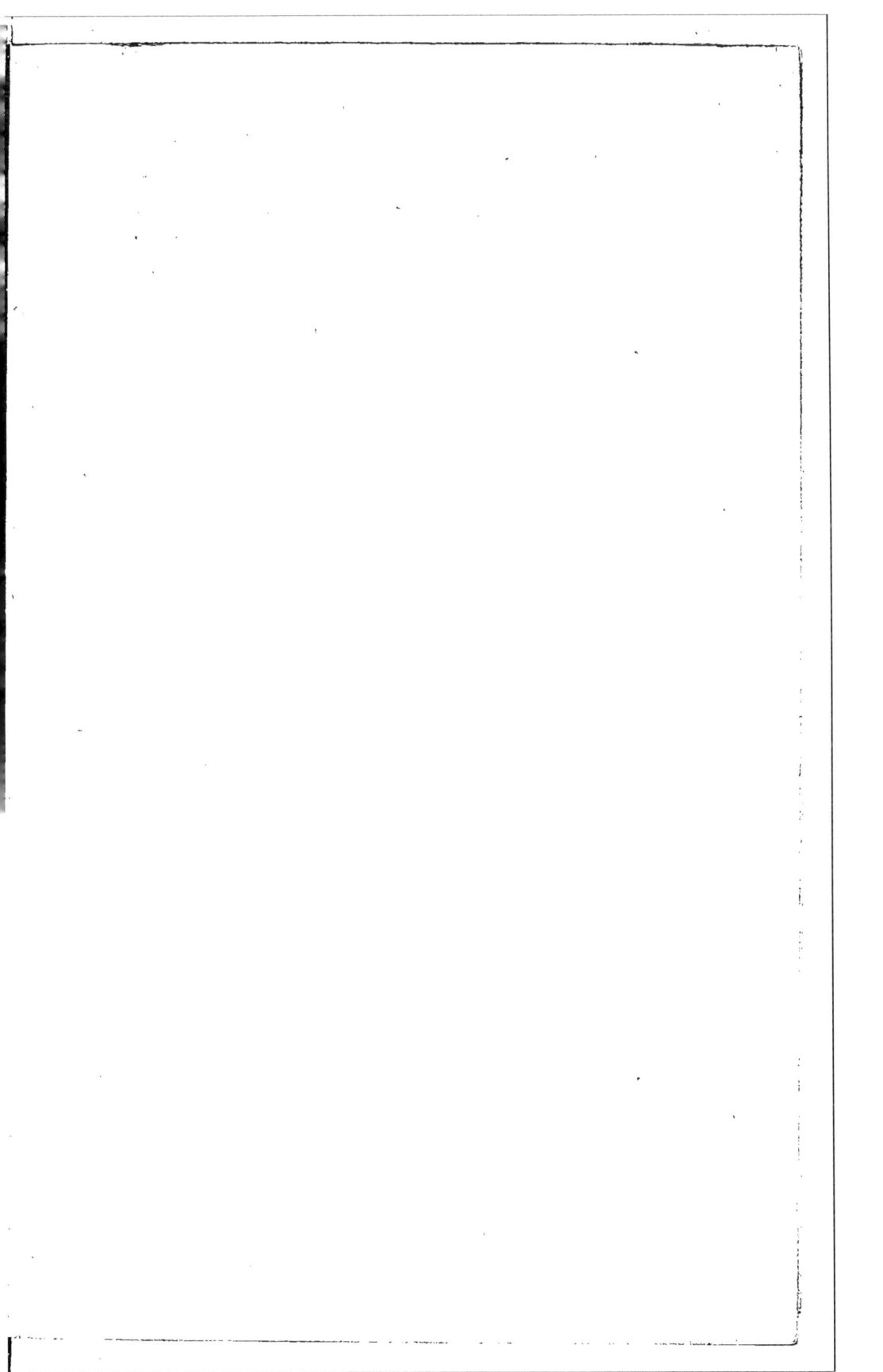

OBSERVATIONS

SUR LA

LÉGISLATION

DES

MINES.

OBSERVATIONS

SUR LA

LÉGISLATION

DES

MINES,

Présentées à Messieurs les Députés du
Département de la Loire;

Par P. GRUBIS, Avocat.

A SAINT-ÉTIENNE,
DE L'IMPRIMERIE DE DURAND SAURET,
1819.

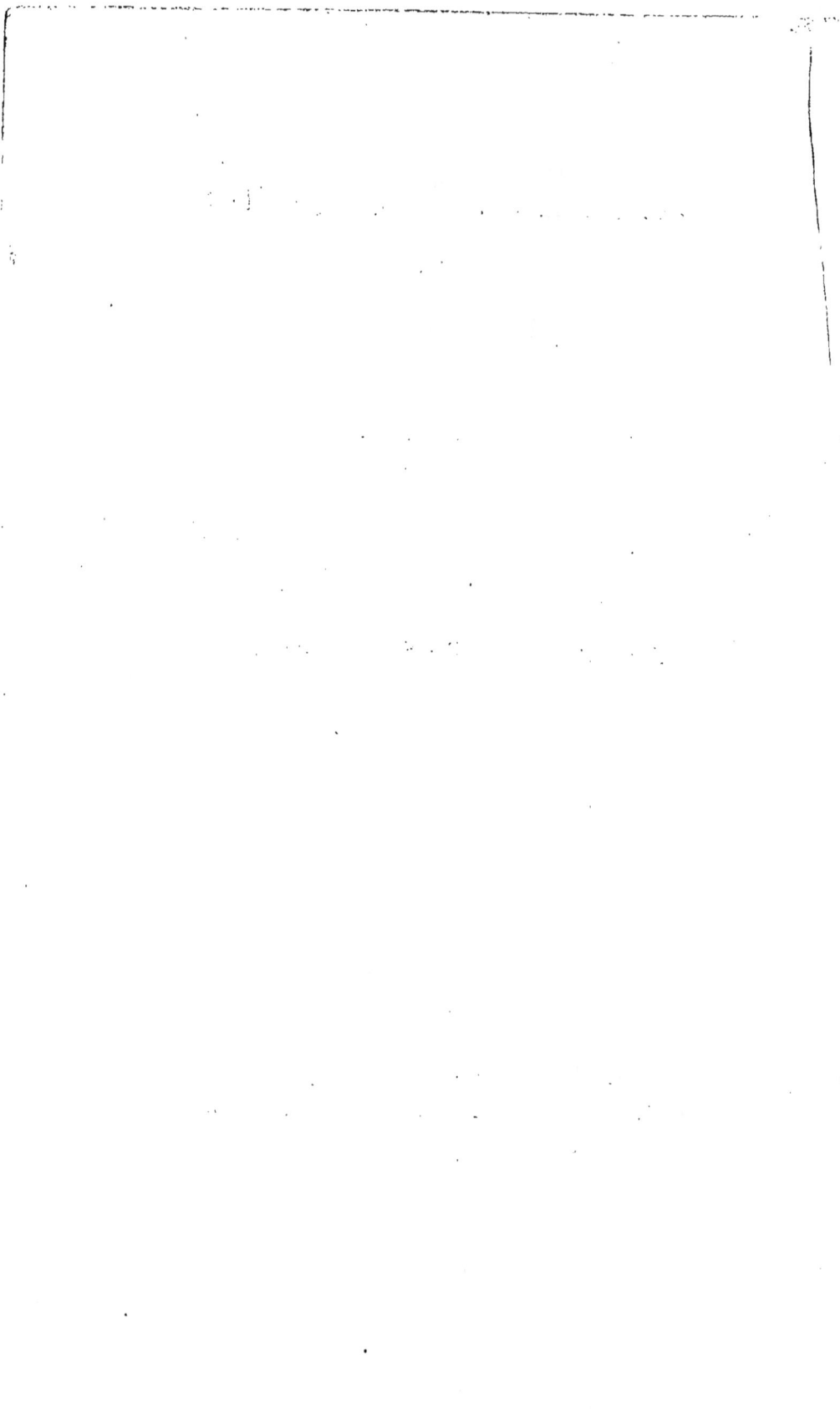

OBSERVATIONS

sur la

LÉGISLATION DES MINES.

EN France la législation sur les mines, anté-
rieure à 1791, ne fut jamais complète, ni ré-
gulière ; parceque les tribunaux ne furent jamais
saisis des contestations dont les mines étaient le
sujet. Les difficultés auxquelles donnaient lieu les
exploitations, étaient exclusivement traitées au
Conseil du Roi. Il y avait des Juges spéciaux,
appellés *Maîtres des Mines*, qui connaissaient en
première instance des contestations qui pouvaient
se présenter sur cette matière; l'appel de leurs
jugemens ressortissait à la Cour des monnaies.

Cet état de choses subsista jusqu'en 1791, époque à laquelle l'assemblée constituante fonda la
législation, par la loi du 28 juillet. Cette loi
fut le résultat d'une discussion sérieuse et solemnel-
le (1), elle fixa un grand nombre d'incertitudes
et promit beaucoup d'espoir.

Les Législateurs d'alors éprouvèrent de grandes
difficultés; il fallait détruire de nombreux pré-
jugés auxquels le crédit, la faveur et l'intrigue avaient

---

(1) Cette loi a été la dernière à laquelle Mirabeau ait
concouru.

donné lieu , et créer une législation entièrement
nouvelle.

Comme beaucoup d'institutions utiles de cette
fameuse époque , la loi de 1791 détruisit beaucoup d'abus ; mais elle renfermait en elle-même
le germe de sa destruction.

Son imperfection , les obstacles que présen-
taient plusieurs de ses dispositions , les lacunes
nombreuses qui s'y trouvaient, devenus encore
plus sensibles par l'agrandissement du territoire
dans le nord de la France , suspendirent son
exécution pendant les premières années, et entra-
vèrent plus d'une fois dans la suite la marche
de l'administration sur les mines.

Pour remédier au mal , le Comité de salut public créa , en l'an 2, une administration des mines,
et le ministre de l'intérieur essaya de parer aux
inconvéniens sans cesse renaissant, en publiant,
le 18 messidor an 9, une instruction fort dé-
taillée, qui réglait un grand nombre de cas non-
prévus, et modifiait même, par de nombreuses
interprétations, les dispositions positives de la loi.

En 1810, le gouvernement reconnut qu'il était
nécessaire de s'occuper de cette partie de la législation. L'opinion générale réclamait une réforme,
et l'on vit paroître la loi du 21 avril 1810.

Dans cette loi , l'on a envisagé les mines sous
un tout autre rapport qu'on ne les avait vues
jusqu'alors ; on les a considérées comme une pro-

priété nouvelle et indépendante de celle de la
surface; on leur a imprimé le caractère de propriété ordinaire, en rendant les droits de l'exploitant pourvu d'un acte de concession, per-
pétuels, disponibles, et transmissibles comme les
autres biens, susceptibles d'affectation de priviléges
et d'hypothèques comme les immeubles : on a
reconnu toutefois que le propriétaire de la surface avait un droit aux mines qui ne pouvait
être méconnu ni oublié.

C'est ainsi que le législateur de 1810 a cru être
parvenu à concilier, comme il convenait, l'intérêt
de l'état, l'intérêt de l'exploitant et l'intérêt du propriétaire de la superficie, et a pensé avoir sagement
résolu cette grande question, depuis long-tems
controversée et qui a divisé les meilleurs esprits:
*Les mines sont-elles une propriété domaniale, ou
sont-elles la propriété de celui auquel appartient
la surface, sous laquelle elles sont cachées !*

A-t-il réussi dans ses espérances ? la loi de 1810
est-elle complète, est-elle suffisante? les circonstances
actuelles n'exigent-elles rien de plus? c'est ce que
la suite de la discussion va éclaircir.

I. *La loi de 1810 sur les mines ne pourvoit
pas assez à la sureté des droits des propriétaires de la
surface, des inventeurs et des employés aux mines.*

Le propriétaire du sol a un droit incontestable
à tout ce qui se trouve au-dessous de la superficie.

Ce principe général est puisé dans la nature;
il est une conséquence du droit de propriété; il
a été consacré par toutes les législations.

Si l'on remonte à l'origine des sociétés, on verra les
hommes se partager les terres, les cultiver, en recueillir les fruits, faire des échanges amenés par des
convenances réciproques, s'en dépouiller, les trans-
mettre, sans avoir aucun égard aux substances diverses
renfermées dans le sein de la terre. Là où s'étendait
leur jouissance, là se bornait l'exercice de leur droit
de propriété.

La civilisation des sociétés exerça l'industrie des
hommes, étendit leurs vues, augmenta leurs besoins.
Bientôt, tout ce que la terre produisait à sa surface,
spontanément ou par les soins de la culture, ne parut
plus suffisant; des hommes industrieux et entrepre-
nans attaquent ses entrailles, arrachent de son sein
des substances nouvelles et jusqu'alors inconnues, les
arts s'en emparent, les sciences guident les expé-
riences et des richesses immenses se découvrent à
l'homme étonné.

Tous les regards se portent vers ces nouvelles dé-
couvertes qui présentent des avantages aussi grands;
chacun veut se les approprier; mais tous ne peuvent
les obtenir.

Ici a commencé l'intervention du législateur pour
mettre un frein à la cupidité et fixer les droits
de la propriété.

Le moyen le plus simple et le plus équitable

qui se présenta alors, fut de renfermer les prétentions de chacun dans les bornes qu'il s'était prescrites d'une manière apparente par sa possession
et sa jouissance sur la surface, et la première
règle fut que la propriété intérieure de chacun
serait proportionnée à sa propriété superficielle.

Rien n'était plus naturel que ce principe ; puisque déjà l'on avait établi que le propriétaire
d'une certaine superficie de terrain pourrait faire
audessus toutes les constructions et plantations
qu'il jugerait convenables, sans qu'un tiers pût
s'y opposer, ni y prétendre le moindre droit.

Ces principes se trouvent dans le code de
toutes les nations.

Ils sont consacrés par plusieurs textes précis (1)
dans le droit romain, qui a servi de type à toutes
les législations de l'Europe.

Ils ne furent jamais méconnus en France, et
notre code civil les retrace d'une manière éner-
gique : » art. 552. La propriété du sol emporte
» la propriété du dessus et du dessous.

» Le propriétaire peut faire audessus toutes les
» plantations et constructions qu'il juge à propos.

» Il peut faire audessous toutes les constru-
» ctions et fouilles qu'il jugera à propos, et tirer

---

(1) On peut voir notamment la loi 9, §. 2 et 3, et Loi 13
§. 1, ff. de usufructu et quemadmodum, 7, 1; la loi 7, §. 13
et 14, ff. soluto matrimonio, 24. 3; la loi 3, §. 6, loi 4 et loi
5, §. 1 ff. de rebus eorum. 27, 9.

» de ses fouilles tous les produits qu'elles peuvent
» fournir , ... »

Si l'on ne considérait que l'intérêt individuel,
de ces principes bien constans l'on devrait conclure, par une conséquence nécessaire, que le
propriétaire du sol a un droit exclusif à toutes
les substances renfermées dans le sein de la terre
ou existant à la surface, dans la proportion de
la superficie dont il jouit.

Suivant le droit naturel, ce droit serait plein
et entier, c'est-à-dire que le propriétaire du sol
aurait droit d'user et abuser de tout ce qui se
trouve audessous, de recueillir tous les produits
qu'il tirerait de ses fouilles et d'en disposer de
la manière la plus absolue.

Mais l'homme en se réunissant en société, a
contracté envers ses semblables des engagemens
qu'il ne doit pas oublier; en aliénant en partie
sa liberté (1), il a subordonné jusqu'à un certain

(1) Nous entendons cette liberté indéfinie dont l'homme
jouissait avant la formation des sociétés, et non cette liberté
sage et mesurée, telle qu'elle doit exister dans un état civi-
lisé et que l'on peut définir : *Cette faculté naturelle de faire
tout ce qui n'est pas défendu par la loi*, ou, comme le juris-
consulte romain : *naturalis facultas ejus quodcuique facere libet,
nisi si quid vi aut jure prohibetur. Leg. 4, ff. de justitia et jure.*

D'après ce, l'on sent que la liberté dont jouit un Citoyen
dans un état policé, telle qu'en France, en Angleterre, est
moindre que cette liberté primitive qui n'avait pour bornes
que la nature.

point sa jouissance et l'exercice de son droit de propriété, à l'intérêt et à l'avantage de tous.

Les produits des fouilles souterraines étant devenus, par la suite des temps, un objet d'une consommation générale et d'une reproduction active et puissante de richesses considérables, la société entière est devenue intéréssée à leur conservation.

Dès-lors, elle a dû y porter ses regards et veiller avec soin à ce qu'ils fussent retirés avec tout l'avantage possible, et le législateur a eu cette grande et difficile question à examiner : *Comment peut-on concilier le droit d'un Citoyen sur sa propriété, avec l'intérêt de tous ?*

Cette question, en ce qui touche les mines, a été diversement décidée dans les législations connues, suivant les circonstances et les différentes substances dont chaque pays abondait.

Suivant l'ancien droit romain, le propriétaire de la surface l'était aussi de toutes les substances métalliques renfermées dans le sein de la terre (1).

Mais il parait, par la loi 3, au code *de Metalla-riis et métallis* ; 2,6, tirée des constitutions des empereurs Gratien, Valentinien II. et Théodose, que le droit du propriétaire de la surface fut modifié ; puisque cette loi règle la redevance à payer au propriétaire dans le cas où un tiers

---

Nous avons rapporté, page 7, les citations de plusieurs textes précis qui établissent ce principe.

1 *

aurait exploité sous son fonds. Cette rétribution était fixée à un dixième des produits au profit du propriétaire, et à un autre dixième au profit du fisc : les huit dixièmes restans appartneaient à l'exploitant pour le dédommager de ses travaux.

Dans les pays voisins de la France, on est parvenu à un système à peu-près uniforme sur cette matière (1).

---

(1) En Prusse, l'ordonnance de 1772, réserve au domaine le droit d'exploiter ou de concéder toutes les mines. La concession réserve un droit au propriétaire du sol.

» En Hongrie, l'ordonnance de Maximilien, désigne toutes les mines comme *biens de la Chambre Royale*, et défend d'en ouvrir sans l'autorisation du Souverain. En 1781, l'empereur Joseph, dans son règlement sur les mines, a consacré formellement le même principe.

» En Bohême, le droit régalien, également consacré, a été cédé aux états, à la charge d'accorder des concessions, ainsi qu'il est dit à l'article 1.er de l'ordonnance de Joachimisthal.

» En Autriche, l'ordonnance de Ferdinand, établit le même principe qu'en Hongrie.

» En Saxe, la loi distingue les mines de houille des autres mines : celles-là ne sont pas sujettes au droit régalien qui est établi pour toutes les autres. Cependant nulle exploitation, même des houillères, ne peut avoir lieu sans la permission et la *concession* du Souverain.

» En Hanovre, en Norvège, la loi dispose comme l'ordonnance de Joachimisthal, déjà citée pour la Bohême.

» En Suède, pays que la nature semble avoir voulu consoler par ses richesses minérales, d'être si maltraitée sous d'autres rapports, toutes les mines appartiennent à la Couronne.

» En Angleterre, le droit d'entamer la surface du terrain, non seulement pour exploiter les mines mais encore les

Anciennement, en France on tenait que les mines d'or et d'argent appartenaient au Roi, en payant au propriétaire la valeur du fonds : les autres mines appartenaient au propriétaire de la superficie, à la charge toute fois d'obtenir un permis d'exploitation; mais le Roi, pour les besoins de l'état, levait le dixième du revenu des mines.

Sans revenir sur la législation introduite par la loi de 1791, nous nous bornerons à l'examen du système introduit par celle de 1810 qui doit être considérée comme la base de la législation actuelle sur les mines.

Le titre premier de cette loi, classe d'une manière claire et assez étendue, toutes les substances minérales ou fossiles, renfermées dans le sein de la terre ou existant à la surface, relativement aux règles d'exploitation de chacune d'elles, sous les trois qualifications de Mines, Minières et Carrières.

Les mines ne peuvent être exploitées qu'en vertu, non seulement d'une permission, mais

---

carrières, se nomme *Royalti* et appartient au Souverain. Guillaume le céda à ses officiers, sur les terres qu'il leur donna. Il a été l'objet de diverses transactions qui l'ont fait changer de main ; mais il est toujours resté indépendant de la surface.

» En Espagne, les mines sont considérées comme propriété publique. » *V. l'exposé des motifs du projet de loi sur les mines, présenté le 13 avril 1810 au corps législatif par MM. Regnaud de S.t-Jean-d'Angely, Begouen et Molé.*

encore d'un acte de concession délibéré au conseil d'état (art. 5.) (1).

Cet acte donne la propriété perpétuelle de la mine, en fait une propriété nouvelle, entièrement indépendante de la propriété de la surface, en tous points semblable aux biens immeubles, et purge en faveur du concessionnaire, tous les droits des propriétaires de la surface et des inventeurs ou de leurs ayans-droit (art. 7, 8, 17).

Le propriétaire de la surface se trouve ainsi dépouillé de ce qu'il avait tout lieu de regarder comme sa propriété particulière, par un acte émané de la volonté du gouvernement.

Le législateur a toutefois reconnu que le propriétaire de la surface avait un droit sur le produit des mines enfouies sous son fonds:

L'art. 6 établit que ce droit doit être réglé par l'acte même de concession.

Nous remarquerons, et cette observation trouvera plus tard son application, que le propriétaire de la surface ne doit pas seulement avoir un droit sur les produits de la mine, mais encore sur la mine même : nous l'avons démontré. Si, d'une part, l'intérêt majeur de la société ne doit pas être négligé ; de l'autre, l'intérêt des particuliers ne doit pas être intièrement sacrifié.

(1) Les citations d'articles que nous ferons ainsi, sous cette forme abrégée, se rapportent aux articles de la loi du 12 avril 1810.

D'après l'art. 42, le droit du propriétaire de la surface doit être réglé à une somme déterminée par l'acte même de concession. Ainsi, on transforme, par cet acte, le droit de propriété du maître de la surface en un simple droit de créance sur les produits de la mine concédée.

Quelques fâcheuses que soient les conséquences qui résultent de ce principe pour le propriétaire du sol, sa position serait encore supportable, s'il était indemnisé à l'instant même où il est dépouillé ; cette condition serait sans nul doute fondée sur la justice, puisque, en thèse générale, nul ne peut être contraint de céder sa propriété, même pour cause d'utilité publique, sans une juste et préalable indemnité. C'est une règle équitable, de toute ancienneté et qui a été retracée par l'art. 545 du code civil.

Bien plus, le gouvernement ne peut autoriser la recherche des mines sur le fonds d'autrui, qu'à la charge d'une préalable indemnité envers le propriétaire de la surface ; c'est la disposition précise de l'art. 10 ; à plus forte raison ne devrait-on pas permettre l'exercice de la concession avant que le concessionnaire eût satisfait à l'indemnité due au propriétaire, à raison de ses droits à la mine.

Si l'indemnité était acquittée avant l'exercice de la concession, il ne pourrait plus s'élever de contestations entre le propriétaire de la surface

et celui de la mine ; et le concessionnaire pourrait alors se dire, avec justice, propriétaire incom-
mutable de la mine, sans craindre la résolution
de ses droits ; car tant qu'il n'a pas payé au propriétaire de la surface la rétribution qui lui est
due , il est comme un acquéreur qui n'a pas
payé son prix d'acquisition. Nous reviendrons
sur ce point contesté.

Le gouvernement ne doit accorder la concession qu'à celui qui justifie des facultés néccessaires
pour entreprendre et conduire les travaux et des
moyens de satisfaire aux redevances et indemnités
qui lui sont imposées ; comme la concession est
tout autant dans l'intérêt de l'exploitant que de
la société , le concessionnaire ne pourrait pas se
plaindre de cette obligation préliminaire : au
surplus elle pourrait entrer en considération dans
l'évaluation de la redevance attribuée au propriétaire de la surface.

Quoiqu'il en soit, c'est l'acte de concession qui
crée une propriété nouvelle des substances minérales ou fossiles jusqu'alors confondue avec celles
de la surface ; c'est cet acte qui doit régler les
conditions de cette séparation.

C'est l'acte de concession qui dépouille le propriétaire ; c'est cet acte qui doit déterminer la
rétribution qui lui revient.

Il ne peut donc y avoir lieu à la délivrance
d'une concession qu'après la fixation des droits

du propriétaire de la surface sur la partie de propriété dont il est privé. Telle a été l'intention du
législateur et tel est l'esprit des articles 6 et 42 ;
plusieurs autres articles nécessitent cette conséquence.

Suivant l'art. 17, l'acte de concession purge en
faveur du concessionnaire, tous les droits des
propriétaires de la surface et des inventeurs, même
ceux de leurs ayans-droit, chacun dans leur ordre, après qu'ils ont été entendus ou appellés lé-
galement.

Ce pouvoir que la loi attribue au gouvernement
est exorbitant : elle l'établit seul appréciateur de
tous les droits et de tous les moyens des parties
intéressées ; elle le rend juge suprême de toutes
leurs prétentions : nul recours contre la décision
qui en émane, elle est irrévocable. Non seulement
cet acte fait loi entre le concessionnaire, d'une
part, l'inventeur de la mine et les propriétaires
de la surface de l'autre, mais encore il oblige et
les héritiers de ceux-ci et leurs créanciers, en un
mot tous leurs ayant-droit.

En supposant suffisantes les règles établies pour
que les intéressés soient en même de faire valoir leurs droits, l'acte par lequel le gouvernement accorde la concession de la mine doit satisfaire à tous les droits, et désintéresser toutes les
prétentions, sans cela il deviendrait un acte arbitraire. Or on ne peut valablement satisfaire aux

droits du propriétaire de la surface , qu'en fixant dans l'acte de concession la somme qui doit devenir l'équivalent de son droit de propriété à la mine.

Il faut bien que cette fixation ait lieu à l'instant même où l'on change la nature des droits du propriétaire ; puisque, d'après l'art. 18, la valeur des droits résultans en faveur du propriétaire de la surface , en vertu de l'art. 6, demeure réunie à la valeur de la superficie , et de plein droit est afféctée avec elle aux hypothèques prises par les créanciers du propriétaire du sol.

L'article 19 suppose aussi cette évaluation de la redevance assurée au propriétaire de la surface ; il prescrit même cette évaluation dans le cas où ce dernier obtient la concession.

De ce que nous venons de dire l'on doit conclure qu'il serait convenable, que le propriétaire de la surface fût désintéressé avant l'exercice de la concession.

Il résulte encore, si l'on n'admet pas cette indemnité préalable , que la rétribution , revenant au propriétaire de la surface, doit nécessairement être fixée et déterminée par l'acte de concession.

Un usage contraire tend à s'établir. Attendu la difficulté qu'il y a de déterminer, au moment où le gouvernement accorde la concession, la quotité des droits du propriétaire de la surface, on accorde la concession, avec réserve de régler ultérieurement
ment

ment la redevance que doit payer le concessionnaire au propriétaire de la surface. On voit des
mines dont l'exploitation commence, se poursuit
et s'achève, avant que le propriétaire sache à quelle
rétribution il a droit.

Cet usage est extrêmement vicieux : il est contraire à la nature du droit conservé au propriétaire
de la surface; contraire à la lettre et à l'esprit de
la loi de 1810 : l'analyse que nous avons faite de
plusieurs de ses dispositions ne laisse aucun doute
sur ce point; il conduit à des conséquences qui
préjudicient considérablement aux intérêts des propriétaires et les dépouillent même de toute garantie.

Un individu obtient une concession; il entreprend
l'exploitation, la conduit avec activité et souvent en
moins d'une année épuise entièrement la partie de
la mine, qui se trouve sous l'un des fonds compris
dans l'étendue de la concession (1). Il met dans le
commerce les substances qu'il a extraites; il en
retire seul tous les profits; il paye toutefois avec
soin les redevances fixes et proportionnelles dues
au gouvernement, pour ne point être arrêté dans
son cours rapide d'exploitation.

N'ayant plus rien à retirer d'un fonds qu'il a fouillé
en tous sens, qu'il a excavé dans toutes ses parties,

―――――――――――――――

(1) Ce n'est point une supposition faite à plaisir que nous
présentons : nous pourrions citer plusieurs exemples pris dans
les exploitations des mines de houille de l'arrondissement de
Saint-Étienne (Loire).

2

il détruit les constructions temporaires qu'il avait faites, enlève les machines, agrès, outils et ustensiles servant à l'exploitation et porte ailleurs son infatigable et lucrative industrie. Avec lui disparaît tout ce qui pouvait offrir quelque sureté pour les droits du propriétaire de la surface. Et cependant celui-ci est forcé de jouer le triste rôle de paisible et tranquille spectateur de la délapidation de sa propriété.

Le propriétaire verra son fonds enlevé à la culture, des dégradations de toute espèce s'y commettre, des affaissemens subits et dangereux s'y multiplier à chaque pas; il sera forcé de recourir à la justice pour réclamer quelques misérables indemnités que l'avide concessionnaire lui disputera avec acharnement : heureux encore, lorsqu'après avoir été promené long-tems devant les tribunaux, il pourra les obtenir. Et le propriétaire ne fera pas entendre ses plaintes ! Il ne demandera pas que l'on respecte ses droits ! Il ne sollicitera pas une prompte réforme ! Mieux vaudrait être sans loi, que de se voir soumis à une exécution aussi défectueuse, aussi préjudiciable de celle qui nous régit.

Les inconvéniens qui résultent pour le propriétaire de ce que ses droits ne sont point fixés au moment où la concession est accordée, augmentent lorsque le concessionnaire devient insolvable, par suite de ses exploitations successives ou autrement.

Il ne reste pas au propriétaire plus de ressources qu'à un créancier ordinaire; cependant c'est sa propriété qui a été dissipée par le concessionnaire et qui peut être est devenue le gage des créanciers de ce dernier; Car celui-ci a le droit de soumettre la mine à un privilége ou une hypothèque, comme tout autre bien immeuble, aussitôt qu'il a obtenu la concession.

Si la fixation de la redevance n'a lieu qu'après l'extraction de la totalité ou d'une partie considérable des produits de la mine, le propriétaire ira-t-il poursuivre l'exercice de ses droits sur les mines voisines ?

Il en résulterait une confusion de droits et de prétentions qui engendrerait un trouble et un désordre qui ne seraient pas supportables.

Mais que fera-t-il si la concession ne s'étend que sur son fonds ?

Le concessionnaire écartera sans cesse sa demande sous le prétexte que la rétribution n'est pas encore déterminée; il continuera cependant toujours l'exploitation, et lorsque le propriétaire sera parvenu à savoir ce qui lui revient sur les produits de la mine, il ne se trouvera plus d'objets qui répondent de sa créance et qui puissent en assurer le recouvrement.

Il faut toutefois convenir qu'il est difficile de déterminer d'une manière exacte la valeur des droits du propriétaire de la surface, dans l'acte

même de concession. Mais l'évaluation n'est pas
absolument impossible, et la difficulté quelque
grande qu'elle soit n'autorise pas une mesure in-
juste et arbitraire. Que l'on ôte de la loi de 1810
les art. 6 et 42, qui ne sont en quelque sorte
que la répétition l'un de l'autre, et tout le systême de la loi tombera. Il n'est plus de sureté,
plus de garantie pour le propriétaire de la surface ; il n'est plus d'inviolabilité pour la propriété;
les intérêts les plus sacrés , les plus légitimes sont
sacrifiés à l'avidité du concessionnaire.

Telles sont cependant les conséquences qu'en-
traîne l'abus que nous combattons aujourd'hui; elles
sont inévitables.

Sous la législation de 1791, le ministre de l'intérieur crut prêter un appui solide à la marche
chancelante de l'administration sur les mines, en
publiant en l'an 9 une instruction qui modifiait
jusqu'aux dispositions positives de la loi : mais ce
ne fut qu'un faible palliatif qui précipita la législation à sa fin.

Cet exemple aurait dû faire sentir combien il
est imprudent de s'écarter des dispositions pré-
cises de la loi, et surtout d'en violer les dispositions
fondamentales.

Si l'on insiste pour soutenir que le propriétaire
de la surface ne doit avoir droit que sur *les produits* de la mine, c'est alors que l'on sentira toute
l'insuffisance de la loi de 1810.

Accorder au propriétaire de la surface un droit sur les produits de la mine, c'est lui supposer néces. sairement un intérêt à ce que le concessionnaire tire de la mine tous les profits possibles. Telle est aussi l'intention du gouvernement en accordant une concession, parcequ'il n'a en vue par la délivrance de cet acte que le plus grand avantage de la société et l'intérêt du propriétaire de la surface.

Dans aucun cas le concessionnaire ne peut avoir un intérêt contraire, et ne doit avoir une volonté opposée; puisqu'il est de condition tacite à toute concession que celui qui l'obtient s'engage à tirer de la mine tous les produits dont elle est susceptible. C'est pour cela que l'exploitation des mines est soumise à la surveillance d'un corps spécial d'ingénieurs chargés d'avertir l'administration des vices, abus ou dangers qui s'y trouveraient.

L'intérêt du propriétaire sur les produits de la mine serait vain, son droit serait illusoire, si on ne lui accordait pas *l'action*, le moyen de faire valoir son intérêt et d'exercer son droit.

Si le concessionnaire exploite mal, et comme il n'arrive que trop souvent, s'il se contente d'exploiter les couches voisines de la surface et faciles à extraire, s'il néglige ou abandonne au moindre obstacle les couches inférieures d'un accès difficile et d'un rapport plus éloigné, indépendamment de l'action de l'administration au

nom de la société, le propriétaire de la surface qui a un intérêt égal, garanti par un droit
assuré sur les produits de la mine, doit avoir une
action directe contre le concessionnaire.

Cependant la loi se tait à cet égard et ne trace
aucune règle sur ce point que l'expérience a démontré être bien important : c'est-là une lacune
qui ne saurait être trop tôt réparée.

Ce concours d'actions du propriétaire de la surface et de l'administration, offrirait une forte
garantie contre les vices et les abus des exploitations, et tournerait à l'avantage du propriétaire,
de la société, même du concessionnaire qui assez souvent par un calcul mal entendu ne consulte
que le présent et dédaigne l'avenir.

Ce droit *d'inspection* sur les produits de la mine
ne saurait être refusé au propriétaire de la surface sans paralyser considérablement ses droits.

Mais, nous le répétons, le propriétaire de la
surface n'a pas seulement un droit sur les produits de la mine; son droit porte sur la mine
même. Ce qui embrasse non seulement les substances extraites, mais aussi les masses de minérai
encore en couche ou filons, en un mot tout ce
qui constitue la mine. Car la rétribution qui lui
est promise n'est que la représentation de son
droit de propriété à la mine, et doit être l'équivalent du bénéfice qu'il ferait en l'exerçant.

Cette transformation d'un droit de propriété en

un droit de créance est une véritable vente, forcée
à la vérité, du reste semblable à l'abandon que
fait un propriétaire qui cède sa propriété pour
cause d'utilité publique : nous n'y voyons aucune
différence. Nous pensons même qu'un acte de concession ne peut être d'une nature différente, sans
devenir un acte de violence et d'abus d'autorité.

Dès lors on s'étonne que la loi de 1810 n'assure
pas un privilège au propriétaire de la surface. Il
est privé de cette garantie et cependant l'art. 20.
accorde un privilège à ceux qui fournissent des
fonds pour les recherches de la mine, la construc-
tion ou la confection des machines nécessaires
à l'exploitation, à la charge par eux de se con-
former aux art. 2103 et autres du code civil,
relatifs aux privilèges.

Le propriétaire ne merite-t-il pas au moins autant de faveur que les prêteurs de deniers ? Ceux-
ci auraient-ils trouvé à placer aussi avantageusement
leurs capitaux, sans le fonds du propriétaire ?
N'est-ce pas ouvertement contrarier le principe
reçu et consacré, que le vendeur ou cessionnaire
d'une propriété immeuble a un privilège, de préférence à tout autre ayant-droit ?

C'est en vain que l'on chercherait à prévenir
l'inconséquence de la loi et à en justifier l'insuffisance, en alléguant que les mines sont une
propriété domaniale et que le gouvernement peut
mettre à la concession qu'il en fait telle condi-

tion qu'il juge à propos, ou l'affranchir de telle charge qu'il lui plaît.

Tel n'est point et tel ne peut être l'esprit de la loi de 1810; car ce n'est que par le fait de la concession que la mine devient une propriété particulière et indépendante de la surface. Jusqu'alors le propriétaire de la superficie doit être considéré comme propriétaire du tout.

Le droit du gouvernement sur les mines ne commence qu'après la recherche et la découverte de la mine et au moment où la société devient intéressée à ses profits et par conséquent à la manière dont elle doit être exploitée.

Ce qui nous confirme dans cette opinion, c'est que la loi reconnaît le droit du propriétaire de la surface, et que ce droit porte essentiellement sur la mine même.

Anciennement en France on ne considérait comme véritable propriété domaniale que les mines d'or et d'argent; elles étaient regardées comme un bénéfice appelé communément *fortune d'or*, et faisaient partie du droit de souveraineté. Les autres mines appartenaient aux propriétaires des fonds sous lesquels elles étaient enfouies; mais l'exploitation devait en être autorisée par le Souverain (1): cependant par une inconséquence assez bizarre on

_____

(1) Voir Lauriere sur Loysel liv, 2, tit. 2, règles 13 et 52.

n'accordait aucun droit aux propriétaires de la superficie.

L'intérêt, le crédit, la puissance de ceux qui obtenaient les concessions, joints aux vices de l'administration en cette matière, mirent sans cesse obstacle, jusqu'en 1791, à un examen sérieux sur la propriété des mines ; parceque les permis d'exploiter s'accordaient presque toujours à la faveur. Aussi chercherait-on vainement dans l'ancienne législation des principes constans pour se fixer sur ce point.

Lorsque l'assemblée constituante s'occupa de la législation sur les mines, elle déclara les mines propriété nationale et les mit à la disposition de la nation ; mais en ce sens seulement que les substances minérales ne pourraient être exploitées que de son consentement et sous sa surveillance, à la charge d'indemniser les propriétaires de la surface, d'après les règles que l'on se proposait alors de prescrire (art. 1 loi du 28 juillet 1791).

Cet article ajoutait même que les propriétaires de la surface jouiraient en outre de celles de ces mines qui pourraient être exploitées ou à tranchée ouverte ou avec fosse et lumière jusqu'à 100 pieds de profondeur seulement.

Cette dernière disposition était fondée sur la supposition que le propriétaire de la surface présentait toujours les moyens et les facultés nécessaires pour l'exploitation d'une mine jusqu'à 100

2 *

pieds de profondeur. Une semblable exploitation, en effet, offre peu de difficultés et n'exige
presque point d'avances.

L'intervention directe du gouvernement sur la
disposition des mines ne parut nécessaire que
lorsque cette présomption n'existait plus, lorsque
l'exploitation de la mine, prenant une plus grande
étendue ou se présentant sous des formes d'une
exécution plus difficile et plus dispendieuse, la
société devenait intéressée à ce qu'elle ne fût
confiée qu'à des personnes sur lesquelles la confiance générale pût se reposer.

On dira peut-être, en s'appuyant de l'instruction déjà citée du ministre de l'intérieur, que
dans tous les cas pour exploiter, même jusqu'à
100 pieds de profondeur, la permission devait être
demandée au gouvernement.

L'objection est aisée à résoudre. La permission
était en effet nécessaire ; mais elle ne pouvait être
refusée dans le cas particulier que nous examinons.
Si elle était exigée, c'était afin que le gouvernement exerçât sa surveillance sur celles-ci comme
sur les autres et pût s'assurer que le propriétaire
ne dépassait pas dans son exploitation les bornes
que la loi avait fixées à son droit; mais la permission n'était pas essentielle à l'existence de ce
droit.

Delà nous sommes fondés à conclure que l'assemblée constituante ne fit pas des mines une

propriété domaniale, dans la véritable acception de ce mot ; mais qu'elle en soumit seulement l'exploitation à l'autorisation et à la surveillance du gouvernement, dans la mesure de l'intérêt de la société.

La loi de 1810 n'a pas déclaré les mines propriété domaniale, elle a seulement, de plus que celle de 1791, déclaré que toutes les mines indistinctement ne pourraient être exploitées sans un acte de concession délivré par le gouvernement.

Il serait contradictoire d'établir que toutes les substances minérales ou fossiles enfouies dans le sein de la terre, sont la propriété de l'état et de reconnaître en même temps que le propriétaire du sol a un droit sur les produits de ces substances : le droit de propriété de l'état exclurait nécessairement tout droit du propriétaire à ces substances.

L'acte de concession doit déterminer l'indemnité due par le concessionnaire à l'inventeur de la mine, dans le cas où celui-ci n'obtiendrait pas la concession (art. 16).

La garantie de cette indemnité ne repose que sur la solvabilité du concessionnaire : aucun privilége n'est accordé à l'inventeur pour la sureté de sa créance. Cependant ne mériterait-il pas d'être payé sur les produits de la mine, après le propriétaire du sol, par préférence à tout autre

créancier du concessionnaire? C'est à ses labo-
rieuses recherches que l'on doit la découverte de
la mine : par ce motif il nous semble de toute
justice d'établir un privilége à son profit.

Il est une classe pauvre et industrieuse, d'autant plus intéressante qu'elle ne peut se livrer à
ses travaux sans courir des dangers éminens, qui
réclame aussi une faveur qu'on ne saurait lui refuser sans inhumanité, sans nuire aux intérêts bien
compris de la société. Les ouvriers employés dans
les mines sont sans cesse exposés à des dangers
inséparables de ce genre d'industrie que souvent
l'on ne peut prévoir ni empêcher; mais que plus
souvent encore l'oubli des mesures de conservation multiplie et rend plus périlleux.
La société est intéressée à ce que les exploitations ne soient point interrompues. Si les ouvriers
ne sont pas payés ou du moins bien assurés de
leur salaire, ils abandonneront le travail des mines
et iront ailleurs utiliser leurs peines et chercher
des moyens d'existence, les exploitations en souf-
friront et l'intérêt général en sera lésé.
Pour prévenir la discontinuation des travaux et
le divertissement des ouvriers à un autre genre
d'occupation, un arrêt du conseil du 14 mai 1604
avait sagement établi en faveur de tous les ouvriers employés à l'extérieur ou dans l'intérieur
des mines, un privilége sur les produits, pour
la sureté de leur salaire.

Sans nul doute, il serait utile de retracer cette disposition dans notre législation sur les mines : les mêmes causes existent aujourd'hui , les mêmes motifs déterminent cette prévoyance.

La rétribution journalière que l'ouvrier reçoit est le prix de ses pénibles travaux et non l'indémnité des dangers qu'il court : elle suffit à ses modiques besoins; mais elle devient insuffisante lorsqu'il est victime d'un accident. Par ces motifs nous penserions qu'il serait louable d'étendre à toutes les exploitations de mine, par une loi générale les dispositions bienfaisantes d'une ordonnance du Roi du 25 juin 1817, qui a créé une caisse de prévoyance pour le canton houiller de Rive-de-Gier (Loire), destinée à fournir des secours aux ouvriers blessés, à leur famille , et aux veuves et enfans des ouvriers morts par suite de travaux, ou dans l'indigence sans accidens extraordinaires. L'humanité réclame des moyens de secours en leur faveur.

En résumé, sur cette première proposition, il conviendrait que le propriétaire de la surface fut indemnisé avant l'exercice de la concession.

Si toutefois cette mesure n'est pas jugée admissible, il faut nécessairement que la quotité de la rétribution due par le concessionnaire au propriétaire, sur les produits de la mine, soit déterminée par l'acte même de concession :

jusque, là il ne peut y avoir lieu à la délivrance de la concession.

L'assiette de cette rétribution pourrait être basée sur celle des redevances établies au profit du gouvernement par le décret du 6 mai 1811.

A cet effet on devrait accorder au propriétaire du sol un droit de surveillance et d'inspection concurremment avec l'administration, établir à son profit une action de surveillance et d'inspection sur la manière dont la mine est exploitée et sur les produits qui en sont retirés, et organiser l'exercice de cette action.

En conséquence on pourrait, à l'exemple d'un arrêt de règlement du conseil du Roi, du 14 mai 1604, établir auprès de chaque mine un facteur général qui réunit la confiance du gouvernement, celle du propriétaire du sol et celle du concessionnaire. Il répondrait de l'exécution de l'acte de concession ; il serait astreint à tenir des régistres exacts des produits de la mine ; il serait chargé d'acquitter sur ces produits les redevances dues à l'état et la rétribution fixée au profit du propriétaire du sol.

Dans tous les cas on ne peut se dispenser d'assurer au propriétaire du sol un privilége sur *la mine* concédée.

Il serait utile d'accorder à l'inventeur de la mine et aux ouvriers employés un privilége sur *les produits*.

Enfin il conviendrait de créer dans chaque cóntrée d'exploitation une caisse de prévoyance pour venir au secours des malheureuses victimes et de leur famille.

2. *Quelle garantie doit offrir le demandeur en concession ?*

La delivrance d'une concession ne doit pas être un moyen légitime de spéculations frauduleuses, en servant de piège à la bonne foi ; c'est pour cela que l'on exige des garanties de la part de celui qui en fait la demande.

D'après l'art. 14, il doit justifier des facultés nécessaires pour entreprendre et conduire les travaux, et des moyens de satisfaire aux redevances et indemnités qui lui sont imposées par l'acte de concession.

C'est au gouvernement que le demandeur en concession doit faire cette justification; c'est encore le gouvernement qui est appréciateur suprême de cette garantie. Il juge des motifs ou considérations d'après lesquels la préférence doit être accordée à tel des demandeurs en concession, qu'il soit propriétaire de la surface, inventeur ou autre (art. 16); et il statue sur les oppositions (art. 28).

Le propriétaire n'entre pas d'une manière satisfaisante dans cette justification ; cependant il a un intérêt majeur à ce que la garantie soit suffisante.

Dans toute concession de mine nous voyons trois intérêts principaux et bien distincts à concilier : celui de l'état, celui du propriétaire de la superficie et celui du demandeur en concession. Chacune des parties doit avoir les moyens de faire valoir son intérêt; rien n'est plus naturel. Chacune d'elles doit avoir la faculté de discuter son intérêt; rien encore n'est plus convenable et dans l'ordre de la justice.

Dans le système de la loi de 1810, l'intérêt du demandeur en concession ne peut jamais être compromis, parceque il est toujours libre d'accepter ou de refuser les conditions qu'on lui impose.

Le propriétaire fait valoir ses droits par voie d'opposition.

Le gouvernement a toutes les facilités imaginables pour soutenir l'intérêt de la société, puisque c'est devant lui que l'on discute.

De plus il est chargé d'apprécier l'intérêt du propriétaire, et de prononcer sur les motifs de son opposition. Un seul cas est excepté, c'est celui où l'opposition est fondée sur la propriété de la mine acquise par concession ou autrement; les parties sont alors renvoyées devant les tribunaux et cours, pour faire juger la question de propriété.

Lorsque l'opposition du propriétaire est motivée sur l'insuffisance des facultés et des moyens
du

du demandeur en concession et du peu de garantie qu'il présente, nous penserions que l'on
devrait établir la même exception et ordonner
le renvoi devant les mêmes autorités, pour faire
reconnaître la garantie.

Dans l'hypothèse, l'intérêt du propriétaire est
évident ; il est suffisant pour motiver son opposition , puisqu'il a un droit reconnu sur les produits de la mine ; il est directement opposé à celui
du demandeur en concession : et c'est le gouvernement, autre partie principale et intéressée au
nom de la société, qui prononce sur la contesta-
tion, qui statue sur des intérêts privés. N'est-ce
pas là une véritable confusion et cumulation de
pouvoirs ?

Le plus grand vice de la législation avant 1791,
si toutefois l'on peut donner ce nom à une pe-
tite réunion de lois fondamentales, modifiées par
une infinité de décisions particulières surprises par
intrigue ou obtenues par protection, provenait
de ce que les affaires des mines étaient exclusivement traitées au conseil du Roi et que les
tribunaux n'en avaient jamais pris connaissance.

Que la loi laisse au gouvernement le choix libre
entre les prétendans à la concession qui présentent
une garantie suffisante ; mais qu'elle donne au propriétaire qui s'est rendu opposant, le droit de faire
décider par les tribunaux si la garantie offerte est
suffisante.

3

Qu'elle fixe les bases de cette garantie; car il n'existe aucune règle à cet égard.

Qu'elle détermine les suretés que le demandeur en concession pourra offrir; l'arbitraire le plus absolu regne encore sur ce point.

Cette garantie doit reposer sur un objet certain et apparent, par exemple, un cautionnement en argent ou en immeubles; sans cela elle peut devenir illusoire.

L'autorité marchera avec plus de fermeté et moins d'hésitation, et ne sera point exposée à froisser à chaque pas des intérêts légitimes, lorsqu'elle pourra baser ses décisions sur des principes établis et constans.

Abandonner au gouvernement le droit exclusif de discuter les facultés et les moyens des concurrens à la concession, et de prononcer d'une manière irrévocable, sans être obligé de se déterminer par des considérations reconnues suffisantes par une loi, est un système qui convenait au gouvernement qui nous donna la loi de 1810, parcequ'il entrait dans ses vues de concentrer en lui-même tous les pouvoirs; mais ce système ne peut subsister sous l'empire de la Charte.

Toutes les dispositions de cette loi nous paroissent fondées sur la supposition que l'administration a la facilité de se procurer les renseignemens les plus étendus et les plus certains. Lors même que cette supposition serait vraie, l'intervention du propriétaire ne peut être nuisible ; elle ne peut qu'éclairer davantage.

Les tribunaux sont les conservateurs naturels de la propriété et de la fortune des citoyens; sous peine de cassation, leurs décisions ne sont que l'application fidèle de la loi : à ce motif sans doute, l'on doit attribuer cette préférence marquée des justiciables à soumettre leurs différens aux tribunaux plutôt qu'à l'administration.

La loi de 1791 offrait aux tiers intéressés et opposans à la demande en concession plus de moyens de garantie que celle de 1810.

Les demandes en concession et les oppositions étaient admises devant le Préfet du département, et un mois après les dernières affiches et publications, par un arrêté pris en conséquence de diverses considérations que la loi indiquait, le Préfet statuait sur la demande en concession.

Cet arrêté était ensuite adressé au ministre de l'intérieur pour en proposer au gouvernement l'approbation.

De cette manière, la demande en concession subissait deux degrés de juridiction, et ce n'est pas trop dans une matière aussi importante. Il en résultait pour premier avantage que les tiers qui avaient un intérêt opposé à la demande en concession, connaissant les motifs qui l'avaient fait admettre auprès du Préfet, étaient plus en même de les combattre auprès de l'administration supérieure : par ce moyen celle-ci était mieux éclairée sur la justice des prétentions respectives.

Ce systême a été proscrit : le Préfet donne seulement son avis et le gouvernement statue, en premier et dernier ressort et sans recours, sur la demande principale, les demandes en concurrence, les oppositions, en un mot sur toutes les prétentions.

La prompte expédition des affaires est un bien; mais elle touche de si près à la précipitation, qui produit presque toujours des maux irréparables, que l'on ne doit pas balancer à préférer une marche mesurée qui conserve tous les droits, en donnant à toutes les parties la facilité de les faire valoir suivant leurs facultés et leurs moyens.

Un simple particulier n'est jamais enlevé à la jurisdiction de ses magistrats inférieurs qu'il approche de plus près, sans que ses droits en souffrent quelqu'atteinte; parcequ'il pense être privé par là de la liberté de les appuyer. L'homme puissant au contraire, qui compte sur le crédit et la faveur, desire les attributions spéciales et sollicite les évocations extraordinaires.

Les mines sont devenues par la loi de 1810 une propriété privée, patrimoniale, disponible et transmissible : en un jour, une mine concédée peut passer successivement entre les mains de deux, trois, quatre, dix personnes différentes; dès lors à quoi aboutit la garantie exigée par celui qui le

premier a obtenu la concession ? Sur quoi repo-
seront désormais les droits de l'état et ceux du
propriétaire de la surface, si le concessionnaire
peut, par la transmission de ses droits à une personne insolvable ou incapable d'offrir les suretés
suffisantes, anéantir la garantie qu'il a présentée ?

· Cette reflexion nous conduirait peut-être à at-
taquer la loi de 1810, dans sa base fondamentale,
en développant les abus qui peuvent résulter de
cette disponibilité facile qui n'est soumise à aucune formalité, à aucune autorisation. Nous l'aban-
donnons à un esprit plus profond et plus habile
à en faire ressortir les dangereux résultats.

Il en resulte toutefois que les suretés fournies
par celui qui le premier a obtenu la concession, ne doivent pas s'évanouir par l'abandon et
la cession qu'il fait de ses droits, avant qu'elles
ayent été renouvellées par le nouveau concessionnaire.

3. *Les formes tracées par la loi pour donner ,*
aux propriétaires de la surface et aux inventeurs
de la mine, connaissance de la demande en con-
cession, ne sont pas suffisantes.

L'acte de concession produit des effets plus
conséquens que tout autre acte de la vie civile;
il dépouille forcément le propriétaire , purge ses
droits et ceux des inventeurs, à l'aide de quelques
formalités d'affiches et de publications : tandis que

des formalités nombreuses et plus éfficaces sont reconnues nécessaires à l'égard de toute autre transmission d'immeubles.

Par une conséquence assez bizarre , plus l'acte est important, moins les moyens pour purger les droits des intéressés sont rassurans.

Ceux indiqués par les art. 23 et 24, pour donner aux propriétaires de la surface, aux inventeurs et à leurs ayans-droit la *connaissance légale* exigée par l'art. 17, se réduisent à des appositions d'affiches pendant quatre mois dans le chef-lieu du département, dans celui de l'arrondissement où la mine est située, dans le lieu du domicile du demandeur et dans toutes les communes dans le territoire desquelles la concession peut s'étendre ; à des insertions dans les journaux du département, et à des publications au moins une fois par mois dans les communes comprises dans la demande en concession.

Nous ne pouvons nous persuader que ces formalités soient suffisantes pour prévenir un propriétaire que bientôt il sera dépouillé d'une partie de ce qui lui appartient ; un inventeur, qu'il n'a pour faire valoir ses droits, que tel délai, passé lequel, il sera forclos ; pour avertir les ayans-droit de l'un et de l'autre de veiller aux intérêts de leurs débiteurs.

Il nous semble que les intérêts du concessionnaire sont mieux ménagés ; car l'art. 26 exige

que les oppositions formées à la demande en concession lui soient notifiées par un acte extra-
judiciaire.

Ainsi le demandeur en concession a une communication directe et assurée du moindre obstacle apporté à ses prétentions; tandis que les propriétaires de la surface, les inventeurs de la mine et leurs ayans-droit n'en ont qu'une indirecte,
vague et qui dépend beaucoup des circonstances,
de l'exactitude et de la fidélité des agens subal-
ternes.

La loi doit cependant plus étendre sa bienveil-
lante protection sur celui que l'on prive d'un
droit, que sur celui qui acquiert ce même droit.

4. *Le droit d'opposition n'est pas suffisamment
assuré.*

Les demandes en concurrence de concession
sont admises devant le Préfet jusqu'au dernier
jour du quatrième mois, à compter de la date
de l'affiche (art. 26). Ces nouvelles demandes ne
sont pas affichées ni publiées, il n'en est donné
aucune connaissance légale, seulement le registre,
sur lequel elles sont inscrites, est public et chacun
peut en aller prendre communication.

Dans le cinquième mois, au plus tard, de la date
de l'affiche, le Préfet est tenu d'envoyer les pièces
au ministre de l'intérieur pour que le gouvernement statue (art. 27).

Le gouvernement peut accorder la concéssion à l'un des demandeurs en concurrence, s'il réunit les qualités exigées : il résulte de cette hypothèse, qui peut se présenter souvent, qu'une concession sera délivrée sans que le propriétaire, l'inventeur et leurs ayans-droit aient eu la moindre connaissance effective ou légale que tel individu s'était mis au rang des demandeurs en concession et par suite, sans qu'ils aient pû faire valoir leurs moyens d'opposition, qui peut-être auraient fait rejetter la demande de ce concurrent, s'ils avaient été produits.

Cette lacune ouvre ainsi la porte à un abus criant ; car on ne peut méconnaître l'intérêt majeur qu'a principalement le propriétaire à cé que la concession né soit accordée qu'à celui qui présente des suretés suffisantes et qui a les moyens d'exploiter utilement. La demande en concéssion ne pouvant être contestée par personne, parcequ'elle n'est pas connue, le gouvernement, appelé à prononcer sur l'exposé d'une seule des parties, pourra facilement être induit en erreur.

Il y aurait cependant un moyen facile de parer à cet inconvénient; nous nous permettrons de l'indiquer.

Sans prolonger le délai fixé pour l'admission des demandes en concurrence, il suffirait, dans le cas où postérieurement à la première demande en concession, il surviendrait de nouvelles demandes, d'augmenter le délai des oppositions d'un certain espace de temps, pendant lequel on renouvellerait la publicité de la première demande avec indication des demandes en concurrence.

Cette mesure mettrait le Gouvernement en même de statuer en plus grande connaissance de cause et pourvoirait d'une manière plus satisfaisante aux intérêts des propriétaires, des inventeurs et de leurs ayans-droit.

5. *Les Ingénieurs des mines peuvent-ils devenir concessionnaires dans l'étendue du territoire soumis à leur surveillance ?*

Cette question que je me borne à indiquer, se rattache à cette autre question générale et d'un ordre plus relevé : *quels actes sont défendus à certains fonctionnaires dans l'exercice de leurs fonctions ?*

On a toujours craint l'influence des fonctionnaires publics sur leurs justiciables, ou leurs administrés.

Suivant le droit romain, tout fonctionnaire (1)

_____

(1) Cette dénomination qui est moderne, paroîtra peut-être rendre d'une manière inexacte l'esprit des anciennes lois : elle s'applique à quiconque exerce quelque fonction du gouvernement et qui reçoit un traitement de l'état. Mais nous nous croyons autorisé à la conserver dans l'application que nous voulons en faire et nous nous fondons sur ce passage d'une constitution de l'empereur Justin, au code *Leg.* 1, *in princip. lib.* 1, *tit.* 53 : *Quicumque administrationem in hâc florentissimâ urbe* (Constantinople) *gerunt, emere qui*

3 *

était incapable de recevoir par donation entre-vifs ou par testament d'une personne étrangère (1). La libéralité pouvait être validée, après la cessation des fonctions ; si le donateur la ratifiait d'une manière expresse et par écrit ou s'il s'écoulait un espace de cinq ans, sans qu'elle fut attaquée (2).

Il ne pouvait faire aucun commerce ni placement à intérêt pendant la durée de ses fonctions (3).

Les fonctionnaires exerçant dans la résidence impériale ne pouvaient rien acheter soit meubles ou immeubles, ni faire bâtir sans une permission spéciale du prince (4). Il était expressement inter-

---

dèm mobiles res , vel inmobiles, vel dothos extruere non aliter possunt, nisi specialem numinis nostri hoc eis permittentem divinam rescriptionem meruerint ; sur la loi 6, §. 3, ff. de officio procons. 1, 16, relative au même objet : Ne . . . ipse proconsul, vel QUI IN ALIO officio erit . . . ; sur la loi 46, ff. de contrah. empt. 18, 1 : Non licet ex officio quod administrat QUIS emere . . . ; enfin sur la loi 33, ff. de rebus creditis, 12, 1 : QUI provinciam regunt, QUIVE circà eos sunt . • De ces différens textes il résulte que les prohibitions dont il y est question s'appliquent à toute personne qui administre en chef ou en sous ordre.

(1) Dans le sens des lois, pour dire personne qui n'est pas de la famille.

(2) Voir leg 1, §. 1, au code de contractibus judicum vel corum qui sunt circà eos . . . 1, 53.

(3) Voir leg. 33 ff. de rebus creditis, 12, 1.

(4) Voir loi cidessus citée au code liv. 1, tit. 53, in princip.

dit à ceux qui exerçaient leurs charges dans les provinces de rien acheter autre que ce qui leur était nécessaire pour leur nourriture et leur entretien, même avec la permission du prince (1).

Ils étaient incapables de ces actes, soit par eux-mêmes, soit par personnes interposées (2).

On faisait toutefois une différence entre ceux dont les fonctions étaient temporaires et ceux qui étaient nommés à vie : on permettait à ces derniers des actes qui étaient interdits aux premiers; par exemple, on autorisait les officiaux des présidens de provinces à prêter à intérêt (3), tandis que les présidens ne le pouvaient pas.

Anciennement en France, comme une grande partie des charges, celles conférées à titre d'office

---

(1) *Eodem* §. 2. Les fonctionnaires des Provinces étaient en cela traités plus durement que ceux de la capitale ; Godefroy en donne la raison : *et meritò*, dit il, *major est enim in provinciis grassandi copia.*

(2) *Hoc autem etiam ad domesticos et consiliarios eorum trahi necessarium duximus, illud etiam adjicientes, ut nec per interpositam personam aliquid eorum sine periculo possit perpetrari. Leg. unicâ*, §. 3, *cod. de contract. judic.* 1, 53. Voir aussi la loi 46 *ff. de contrah. empt.* 18, 1, qui déclare l'acte nul et prononce contre le fonctionnaire contrevenant la peine *conveniendi in quadruplum*, suivant la constitution des empereur Sévère et Antonin.

(3) *Præsidis provinciæ officiales, quia perpetui sunt, mutuam pecuniam dare et fœnebrem exercere possunt l.* 3.4 *ff. de rebus creditis*, 12, 1.

étaient perpétuelles, on avait considérablement
étendu cette modification du droit romain. Par là
on avait atténué la rigueur des dispositions de
ce droit et mis des bornes multipliées aux défen-
ses qu'elles portaient.

Cependant en différens temps, les rois de France
sentirent qu'il était nécessaire de réitérer ces dé-
fenses, à l'égard de certaines classes d'individus et
de certains actes (1).

Nos lois nouvelles ont retracé une partie de ces
incapacités (2); mais la législation sur les incapacités générales et particulières de tous les agens
du pouvoir, est encore bien imparfaite : qu'il
nous soit permis d'exprimer le desir de la voir
compléter.

6. L'article 49 porte : » Si l'exploitation est
» restreinte ou suspendue de manière à inquiéter

---

(1) On peut voir à ce sujet l'ordonnance de St.-Louis en 1254;
celle de Philippe-le-Bel en 1320; celle de Charles V. en
1356; celle de Charles VI en 1388; celles de Louis XII en
1498 et 1510; celle de François I.er en 1535; celle d'Orléans
art. 54; celle de 1539 art. 131, et surtout un arrêt du
Conseil du Roi en forme de règlement du 14 mai 1604, por-
tant la disposition suivante : » Nuls officiers, ayant charge aux
» mines, ne pourront être associés, ou participer directement
» ou indirectement au travail et profit desdites mines, aux-
» quelles ils seront employés, sans permission de sa majesté ».

(2) Voir code civil art. 1596 et 1597: code de procédure civile
art. 713 et surtout code pénal art. 175 et 176.

» sur la sureté publique ou les besoins des con-
» sommateurs, les Préfets, après avoir entendu les
» propriétaires, en rendront compte au ministre
» de l'intérieur, *pour y être pourvu ainsi qu'il*
» *appartiendra* ».

De quelle manière le ministre de l'intérieur
doit-il statuer? Aucune règle n'est encore établie
à cet égard; l'arbitraire est tout ce qui résulte
de cette disposition.

La loi de 1791 prononçait la déchéance de la
concession, 1.º si les travaux n'étaient pas mis en
activité, au plus tard six mois après la concession
accordée par le gouvernement; et 2.º s'il y avait
cessation de travaux pendant un an.

Le ministre de l'intérieur par sa circulaire du
18 messidor de l'an 9, ajouta un troisième cas,
pour défaut d'exécution dans le temps et de la
manière prescrite, des diverses clauses et conditions imposées par l'acte de concession.

Cette dernière disposition est le principe général et les deux autres n'en sont que les conséquences. Car il est bien évident que toute concession est accordée sous la condition tacite, si
elle n'est pas exprimée dans l'acte, que celui
qui l'obtient se livrera de suite à l'exploitation
et la continuera avec cette activité éclairée qui
prépare et assure le succès.

Ces dispositions n'ont pas été reproduites par

la loi de 1810, sur le fondement que les concessions de mines ont été déclarées perpétuelles
de temporaires qu'elles étaient avant cette loi :
cependant le principe général que nous venons
d'énoncer n'est point contradictoire avec la per-
pétuité de la propriété des mines; ainsi que dans
un contrat synallagmatique perpétuel la condition
résolutoire est toujours sous-entendue , pour le cas
où l'une des parties ne satisfait pas à son engage-
ment.

Il y a parité de raison , puisque la loi de 1810
fait des mines concédées une propriété particulière, disponible et transmissible comme tous les
autres biens (art. 7), et en soumet la disposition
et transmission aux règles ordinaires du droit. Il
n'est donc pas contraire à la nature des concessions d'être accordées sous condition et surtout
sous une condition sans l'accomplissement de la
quelle on ne peut raisonnablement concevoir
l'existence d'une concession.

Ce principe général serait une des premières
règles à établir pour le complément de l'art. 49.

7. *Quelle doit être l'étendue des concessions?*

Il ne convient pas, sans doute, d'établir une
règle générale à cet égard; la fixation de cette
étendue dépend des convenances locales et de la
nature des substances dont on demande l'extrac-

tion ; mais il est sans contredit de l'intérêt général de multiplier les concessions en ne les
rendant pas trop vastes.

La loi de 1791 avait porté à cent vingt kilo-
mètres carrés le *maximum* des concessions : cette
disposition a été négligée avec raison par la loi
de 1810.

Les ingénieurs des mines sont chargés d'éclairer l'administration sur l'étendue à donner aux
concessions demandées, et cette étendue est la
première chose à fixer, avant tout examen des prétentions respectives.

Une concession ne peut être accordée dans l'enceinte d'une ville , l'intérêt général s'y oppose. Si
une semblable demande pouvait jamais se former,
les justes réclamations des administrateurs seraient
infailliblement accueillies.

Il est plus, une concession ne saurait être accordée si près de l'enceinte d'une ville , susceptible de s'aggrandir et d'occuper par la suite des
temps une plus grande circonférence, sans avoir
sagement combiné le mouvement croissant de sa
population et son extension progressive.

La surface d'une concession doit être contigue (1);
dès lors est-il sans inconvénient qu'une concession

_____

(1) Instruction du ministre de l'intérieur du 18 messidor an 9.

embrasse dans son étendue une ou plusieurs concessions précédemment accordées?

Telles sont les réflexions principales qu'un premier examen sur la législation actuelle des mines
nous a suggérées; nous avons toutefois passé sous
silence plusieurs points bien importans, tels que
*les cas de préférence à moyens égaux d'exploita-
tion , l'abandon des mines par l'exploitant , la
réunion de plusieurs concessions de nature différente , etc.* ; parceque leur discussion nous aurait
entraîné au delà des bornes que nous nous étions
prescrites. Nous avons évité d'entrer dans les
objets de détail ; souvent nous n'avons fait que
poser la question, pensant qu'il suffisait d'indiquer le mal, pour que l'autorité s'empressât d'y
pourvoir.

Nous présentons ces observations à Messieurs les
Députés de la Loire, parceque le département
qu'ils représentent nous a paru plus particulièrement
intéressé à une prompte réforme. Dans nulle con-
trée , peut-être, le système houiller ne s'est ma-
nifesté d'une quantité plus considérable et d'une
extraction plus facile que dans l'arrondissement de
Saint-Étienne (Loire). De nombreuses concessions
ont été accordées et tous les jours il se forme
de nouvelles demandes. Avant que les richesses
immenses que ce territoire renferme, qui doivent
fournir

fournir à la consommation de plusieurs siècles, aient été irrévocablement distribuées entre un certain nombre d'individus, il importe sans doute de reconnaître tous les droits, de concilier tous les intérêts.

Puissent les mandataires de ce département sentir la nécessité de provoquer l'attention du gouvernement sur une partie de la législation de la plus haute importance.

www.ingramcontent.com/pod-product-compliance
Lightning Source LLC
Chambersburg PA
CBHW032309210326
41520CB00047B/2614